Bibliografische Information der Deutschen Nationalbibliothek:

Die Deutsche Bibliothek verzeichnet diese Publikation in der Deutschen Nationalbibliografie; detaillierte bibliografische Daten sind im Internet über http://dnb.d-nb.de/ abrufbar.

Impressum:

Druck und Bindung: Books on Demand GmbH, Norderstedt Germany
ISBN: 9783668671454

Dieses Buch bei GRIN:

https://www.grin.com/document/417420

Alex Vitu

Werden Elektrofahrzeuge und das autonome Fahren die Zukunft der Autoindustrie beeinflussen?

GRIN Verlag

Deutsche Schule Prag

Alexander Vítů

Werden Elektrofahrzeuge und das autonome Fahren die Zukunft der Autoindustrie beeinflussen ?

Facharbeit im Kurs Physik

11A

Schuljahr 2016/2017

Inhaltsverzeichnis

1. Einleitung

Heutzutage besteht die Autoindustrie aus überwiegend einer Frage. Werden das autonome Fahren und Elektrofahrzeuge die Zukunft der Fahrzeugindustrie beeinflussen? Um diese Frage beantworten zu können, muss man viele Aspekte berücksichtigen, zu denen gehören die momentane Marktwirtschaft und der Stand in der physikalischen und mathematischen Forschung zu diesem Thema. Da dies ein, über Jahre aktuelles Thema ist und im Endeffekt alle von uns betrifft, ist es schwer, Meinungen und Beurteilungen Anderer zu übernehmen und sich nach ihnen zu richten. Jeder, der zu diesem Thema etwas sagen will, muss sich zuerst eine eigene Meinung bilden, um mit ihr weiterführend arbeiten zu können.

Seit 1881[1], das Jahr in welchem ein Elektroauto zum ersten Mal die Welt erblickte, gibt es tausende von Prototypen, selbstgebauten Autos aber auch Fahrzeugen, die am Band gefertigt werden. Es ist also kein neues Thema, welches die Menschen plagt, dennoch werden täglich Fortschritte und Neuerungen vorgestellt, wie man sich die Zukunft vorstellt und wie man sie der Öffentlichkeit zukunftsnah und verständlich vermittelt. EU-Normen setzten gesetzliche Richtlinien vor, welche den CO2 Ausstoß bei Otto- und Dieselmotoren, so auch Kleinkrafträder, Bussen und Lastkraftwagen vorgibt. Für Außenstehende bedeutet dies die runde EURO-Plakette auf der Windschutzscheibe. Die neueste Norm, ist die EURO-6 Norm, welche den aktuellen Auto Entwicklern Kopfschmerzen einbringt.

Wie weit wird dies noch gehen?

Das Autonome Fahren im Gegenzug ist eine etwas modernere Art der Fortbewegung. Im Jahre 1986 fuhr ein Fahrzeug mehrere Kilometer autonom auf einer abgesperrten Autobahn, jedoch musste der Fahrer stets hinter dem Steuer sitzen und oft in die Fahrt eingreifen. Erst ab diesem Jahrtausend beginnt man die Autopiloten aus der Luft auf die Erde zu bringen. Das beste Beispiel hierfür ist Mercedes-Benz, die ihre bedeutendste Strecke von Mannheim nach Pforzheim im Jahre 2013 absolvierte.[2] Autonom. Sie ist deshalb so bedeutend, weil vor genau

125 Jahren, also 1888, Bertha Benz im Fahrzeug ihres Mannes diese Strecke zurück legte. Damals, eine heldenhafte Tat.

2. Elektrofahrzeuge

2.1 Geschichte

Wie am Anfang erwähnt, entstand das erste Elektrofahrzeug im Jahr 1881. In diesem Jahr präsentierte, der am 2. Januar 1839 geborene Franzose, Gustave Trouvé sein Dreirad mit Elektroantrieb. Das sogenannte "Trouvé Tricycle" fuhr mit einer Höchstgeschwindigkeit von Zwölf Kilometern in der Stunde. Dabei wurden die zwei Antriebsmotoren durch sechs Bleiakkumulatoren angetrieben. Gustave Trouvé war seiner Zeit ein Elektrotüftler und Chemiker, wobei er durch seine qualitativ hochwertigen Schiffsmotoren bekannt wurde, zudem hatte er einen guten Kontakt zu Siemens und konnte so einen knapp fünf Kilo schweren Siemens Motor unter der Hinterachse seines Dreirades unterbringen. Die 12 Volt Batterie wurde unter dem Fahrersitz platziert, und gesteuert wurde es über die rechten kleinen Hebel. Der Antriebsstrang war eine einfache Vaucanson-Kette, die das linke Hinterrad angetrieben hat. Dieser modifizierte Motor leistete 0,07 kW (Kilowatt), dies entspricht 0,0939 HP (Horse Power = Pferdestärke PS). Dazu hatte das Dreirad ein Leergewicht von 160 Kilogramm.[3]

Heutzutage gibt es Autos mit einer PS Anzahl ohne der beiden Nullen vor der 939. Um eine bessere Vorstellung darüber zu haben, rechnet man das Gewicht, welches eine Pferdestärke transportieren muss, aus. Beim "Trouvé Tricycle" wären das um die 1.700 Kilogramm also mehr als anderthalb Tonnen pro Pferd. Heute haben wir zum Beispiel einen BMW i3, der einen optimalen elektroangetriebenen "Stadtflitzer" repräsentiert, mit einem Leergewicht von 1.270 Kilogramm, dafür aber einer Leistung von 125 kW also knapp 170 PS. Dies entspricht 7,47 Kilo pro Pferdestärke. Dies ist ein enormer Schritt in die Zukunft gewesen.[4]

Die Elektromotoren in Fahrzeugen haben sich aber schon früher sehr schnell entwickelt. 18 Jahre nach der Präsentation des "Trouvé Tricycle" wurden die ersten 100 Kilometer pro Stunde in einem Elektroauto von einem belgischen

Rennfahrer Camille Jenatzy gebrochen. Um 1900 wurden in Amerika 40% aller Autos per Dampf angetrieben, 38% elektrisch und die restlichen Fahrzeuge waren mit einem Ottomotor versehen. Doch im Laufe der Zeit hat sich die Reichweite des Benzinautos durchgesetzt und die Elektrofahrzeuge haben an Durchsetzungsvermögen verloren.[5]

Ab dem Jahre 1911 schreibt man das Ende der Elektrofahrzeuge, auf dem Markt konnten sie sich nicht halten und kamen technisch lange nicht an die Benzinmotoren heran. Dies hält unmittelbar bis in die späten 90er Jahre, bis auf eine bekannte Ausnahme, dem ersten Car-Sharing-Projekt in Amsterdam im Jahre 1970, wo nur Elektrofahrzeuge zur Verfügung standen. 1990 sorgte die California Air Resources Board (CARB), eine Regierungskommission Kaliforniens, die für ihre strengen Luftreinheitsgesetze bekannt ist, dafür, dass die Automobilhersteller emissionsfreie Fahrzeuge konzipieren mussten. Fast in allen Fällen entstanden so Elektroautos oder der Versuch darum, sie zu bauen. Autos aus der Zeit waren zum Beispiel der Honda EV Plus, Toyota RAV4 electric, Nissan Hypermini, BMW E1 oder die serienreife Mercedes Benz A-Klasse Elektro.

Spätestens ab diesen Jahren fuhr man auch nicht mehr mit Bleiakkumulatoren sondern mit effizienteren und leistungsstärkeren Lithium-Ionen-Akkus.

Man setzt so neue Maßstäbe im Thema Fortbewegung durch elektrisch angetriebene Fahrzeuge.

2.2 Zukunft

Die Zukunft sieht für Elektrofahrzeuge positiv aus. In den letzten jahren konnte man an Statistiken sehen, dass die Ressourcen unseres Planeten langsam aber sicher verbraucht werden. Dies bedeutet, neue Technologien müssen die Märkte für sich gewinnen, wie die Energiegewinnung durch Sonne, Wind und Wasser. Buchstäblich davon betroffen ist auch die Fahrzeugindustrie, ins besondere aber die Abteilung, die Elektroautos entwickelt. Sie müssen jetzt forschen, Technologien entwickeln, Elektrofahrzeuge spannender machen. Die Zeit spielt dabei eine wichtige Rolle, denn sie setzt alle Automobilbranchen unter Druck. Je länger es dauert, desto schneller sind wir, die Bevölkerung, ressourcenarm. Wenn wir keine Ressourcen mehr zur verfügung haben, können wir nicht mehr unser Auto tanken, also brauchen wir es nicht mehr. Wenn wir keine Autos mehr brauchen, werden wir auch keine kaufen, das bedeutet im endeffekt, dass die Automobilindustrie Gas geben muss, sonst können die meisten Automarken schließen. Und das will niemand.

2.3 Gegenwart

Die Gegenwart ist nicht überzeugend. Auf den meisten Straßen Tschechiens und Deutschlands sieht man kaum Elektrofahrzeuge und wenn man mal eins sieht, das ist es eins für zehntausende Euros.

Es zeigt sich ein geringes Interesse an der doch interessanten Technik der Elektromobilität. Doch dieses Interesse wird von einigen Fahrzeugherstellern genutzt. Der bekannteste ist Tesla Motors aus den Vereinigten Staaten. Ihr CEO, Elon Musk, sieht nur eines. Die Zukunft am besten jetzt zu erreichen. Doch auch Hersteller wie BMW mit dem i3 und i8 sehen nicht schlecht auf dem Markt aus. Jedoch sind der i3 eher ein Stadtfahrzeug, und der i8 im grunde gesehen nur ein nutzloses, auf vier Rädern stehendes Projekt eines nicht volljährigen Praktikanten. So stehen die meisten Elektrofahrzeuge, abgesehen von Tesla, da. Sie sind winzig, haben kaum Stauraum und zu dem kann man mit ihnen gerade mal 120 Kilometer, bei optimalen Wetterbedingungen fahren. Das bedeutet nicht zu heiß oder zu kalt und regnen sollte es am besten auch nicht.

Tesla wiederum setzt neue Maßstäbe. So kann man mit einem Tesla im Durchschnitt 400 Kilometer zurücklegen und muss dabei nicht auf das Wetter achten und dennoch den vollen Komfort genießen. Die Klimaautomatik regelt die Temperatur so, dass man es kaum merkt und sie macht es sehr effizient. Diese Autos kann von den Ausmaßen und dem Platzangebot mit einem BMW 7er oder einer S-Klasse vergleichen, also Autos aus dem obersten Segment der Kategorien. Doch man fährt nicht mit einem acht oder zwölf Zylinder, nein, man fährt elektrisch.

Mit einem Tesla Model S P100D, also dem Besten was Tesla im Katalog anbietet, beschleunigt man innerhalb von 2.5 Sekunden von 0-100 Kilometer pro Stunde und kann mehr als 600 Kilometer weit fahren. Dazu muss man sagen, dass dieser Tesla aber genauso viel wiegt wie der 7er BMW oder die S-Klasse. Knapp zweieinhalb Tonnen.

Diese brachiale Beschleunigung verursachen zwei Motoren, vorne und hinten an der Achse, die mit einem Drehmoment von über 1000 Nm und 762 PS das Gummi in den Asphalt fräsen.[6] Wichtig dabei ist, da es sich um Elektromotoren handelt, hat man diese Kraft immer zur verfügung.

Wenn das Auto steht, wenn es anfährt, wenn es 180 km/h fährt, immer. Das ist, was ein Elektroauto ausmacht.

doch dies alles klingt schön und gut, nur gibt es auch hier ein Problem, ein großes. voll ausgestattet und mit allen technischen “Spielereien” kostet dieses Auto stolze 152.000 Euro, Basispreis liegt bei 75.000 Euro.[7]

2.3.1 Batterie und Problematik

Das größte Problem ist, dass die heutigen Elektrofahrzeuge meist mit Lithium-Ionen-Akkus ausgeliefert werden. Diese Batterien sind sinnvoll, da sie viele Ladezyklen vertragen, sie weisen dazu keinen Memory-Effekt auf und das wichtigste, sie besitzen eine hohe Energiedichte. Doch damit endet das Positive an diesen Batterien, denn deren Gewicht, Preis und die nicht alltagstaugliche Ladekapazität, erschweren ihnen den positiven Ruf. Zudem kommt, dass die Rohstoffgewinnung sehr mühsam ist und die Produktion solcher Batterien die Umwelt sehr belasten. Hinzufügend ist die Branche, die für das Recycling dieser Art von Akkumulatoren zuständig ist, zu sehr durch veraltete Handy- und Laptop-Akkus ausgelastet und kann daher kaum neue Ware annehmen. Geht man näher an auf den Preis an, so kann man als erstes sagen, der Preis der Batterien sinkt deutlich schneller als erwartet wurde. Um sich ein Bild dafür zu machen, muss man sich die Kosten pro Kilowattstunde veranschaulichen. Laut der internationalen Energieagentur lagen die Kosten im Jahre 2008 bei 900 Euro pro Kilowattstunde. Im Jahr 2014 gab es eine Überraschung in der Fachwelt. Man hat einen Wert von 300 Euro pro Kilowattstunde erreicht. Dieser wurde erst auf das Jahr 2020 geschätzt. Diese Zahlen erschienen in einer Studie des Magazins *Nature*

Climate Change anhand Angaben zweier Stockholmer Wissenschaftler des Environment Institute, Mans Nilsson und Björn Nykvist. Sie werteten 80 Veröffentlichungen, die nach dem Jahr 2007 erschienen aus, um eine Basis für deren Analyse zu bilden. Das Thema um welches sich diese Auswertungen drehen ist: "Die Preisentwicklung der Lithium-Ionen-Akkus". Die Analyse hat ergeben, dass der Preis der Batterien jährlich um 14 Prozent fällt. Dafür zuständig sind die langsam aber sicher steigende Verkaufszahl von Elektrofahrzeugen und die zuhnemende Optimierung der Herstellungsverfahren.

Schließen kann man aus dieser Analyse, dass sich die beiden Marktführer Tesla Motors und Nissan bald auf einem Kostenniveau von 130 Euro pro Kilowattstunde befinden. Dieser Wert lassen sich Elektroautos rentieren und deren Betrieb wird preislich annehmender sein.

Wie am Anfang erwähnt, spielt das Gewicht dieser Akkus eine enorme Rolle. Um es hier anschaulicher darstellen zu können, rechnet man das *Verhältnis zur Masse* aus. Momentane Elektroautos besitzen eine durchschnittliche Energiedichte von 150 Wattstunden pro Kilogramm (Wh/kg). Im Vergleich hat Benzin eine Energiedichte von 12.800 Wh/kg, das ist fast 86 Mal so viel. Dies ist der Grund, warum Elektrofahrzeuge nicht an die Reichweitenwerte von Benzinautos herankommen. Als Beispiel nehme ich den e-Golf. Er hat trotz einem Akkugewicht von 318 Kilogramm voll aufgeladen nur eine Reichweite von 190 Kilometer. Wieder aber nur bei optimalen Wetterbedingungen. Der Benzin-Golf, 1.2 Liter TSI, schafft im Vergleich mit seinem 50-Liter-Tank 820 Kilometer.[8]

Auch eine Rolle spielt die Ladekapazität, die die Reichweite eines E-Autos beeinflusst. Wenn es um dieses Thema geht ist Tesla wieder an der Spitze. Deren, im Teil 2.3 schon erwähnter Tesla Model S schafft mit einer Durchschnittsgeschwindigkeit von 110 km/h, einer Außentemperatur von angenehmen 20 ^{O}C, eingeschalteter Klimaanlage und einer 19 Zoll Bereifung mehr als 450 Kilometer mit 90 Kilowattstunden zurückzulegen.[9]

Damit man diese Werte auch bei dem genannten Beispielauto dem e-Golf erreichen kann, forscht man unter anderem im *Joint Center for Energy Storage Research* (JCESR) bei Chicago daran eine Superbatterie zu entwickeln. Dieses Unternehmen wurde mit 12 Millionen Dollar durch die US-Regierung unterstützt, dafür sollen sie bis zum Jahr 2017 diese Batterie entwickelt haben. Die Lithium-Sauerstoff-Batterie soll die fünffache Ladekapazität einer herkömmlichen Batterie haben, dabei aber nur ein Fünftel kosten.

Das Thema Recycling ist nicht so heikel. Funktionierende Recyclingbetriebe beweisen, dass die Technik auf einem guten Stand ist. Die Industrie und die Politik müssen jetzt stark zusammenarbeiten und parallel zu dem wachsenden Verkauf der Elektroautos die Recyclingbetriebe ausbauen um so, eine Überlastung zu verhindern.

2.4 Lösungsansatz

Um die Elektromobilitäts Infrastruktur und die Elektromobilität an sich attraktiver zu machen ist es wichtig sich erst ein Mal die viel zu hoch gesetzten Ziele für die Zukunft realistischer zu machen. Nicht sofort im Tausenderbereich anzufangen, lieber erst in hunderter Schritten. Für viele Autofahrer ist es wichtig, auch mit den nicht allerbesten Batterien die Möglichkeiten zu erreichen, die man mit einem Benzin-, Gas oder Dieselfahrzeug bewältigen kann.

Die Reichweite ist ein Problem, doch beheben kann man dieses mit sogenannten Superchargern. Dies sind Schnellladestationen von Tesla, die es ermöglichen innerhalb von einer halben Stunde die Reichweite um 270 Kilometer zu erhöhen. In Deutschland ist dies kein so markantes Problem, an den meisten größeren Raststätten gibt es eine solche Ladestation. Doch in Tschechien sieht es schlimmer aus. Denn hier gibt es im Jahre 2017 eine einzige Superladestation. Und das nicht genug, sie liegt nicht in Prag, sonder auf der Autobahn D1, mittig zwischen Prag und Brünn. Weltweit gibt es nur 5.295 Superladestationen[11].
Wie soll bei so einem Fakt die Elektromobilität Spaß machen ?

Ein weiteres Problem ist der immernoch sehr hohe Preis der Elektroautos. Mindestens 35.000 Euro (Tesla Model 3) für ein solides Fahrzeug ohne sonderlich viel Ausstattung ist eindeutig zu viel. Auch wenn man kaum Fahrzeugsteuer zahlen muss und weitere Kostenaspekte entfallen würden, würde sich ein Elektrofahrzeug erst nach x Jahren rentieren.
Doch halten die Batterien diese x Jahre aus ?

Dieses Thema bleibt noch sehr lange aktuell, bestritten und kompliziert.

Zukünftig werden wir auf Elektromobilität umsteigen müssen, das ist ein Fakt. Es klingt wahrscheinlich nicht sehr überzeugend, doch statistisch gesehen werden in Deutschland im Jahre 2030 rund 40% aller Kraftfahrzeug-Zulassungen, Zulassungen von Elektrofahrzeugen sein.[10]

3. autonomes Fahren

3.1 Geschichte

Fahren ohne Fahrer. Für viele ein Traum doch für die meisten ein Horrorszenario. Wenn man dieses Thema hört, denkt man an heute und morgen aber nicht die Vergangenheit. Doch dies ist falsch. Autonomes Fahren fing ganz klein an, als Ralph Teetor im Jahre 1945 zum ersten Mal den Geschwindigkeits-Tempomat verwendet. Er hat sich als positiv gezeigt und wurde dank dessen ab 1958 in Fahrzeugen verbaut. Folgend wurde 1977 in einem Ingenieurbüro aus Japan ein Fahrzeug vorgestellt, welches anhand der weißen Straßenmarkierungen geschafft hat, 50 Meter zu fahren und dabei auf die GEschwindigkeit von 30 km/h zu kommen. 1980 wurde es interessant. Die Bundeswehr Universität München und mit hilfe Ernst Dickmanns Roboterautos entwickelt, die zur Fortbewegung eine neue Technologie nutzen. Die sakkadische Sicht konnte den Roboter von Gegenstand zu Gegenstand manövrieren und sich so orientieren. Zur Ermittlung verwendete man einen Kalman-Filter, er dient zur Entdeckung von Störungen auf Grund mathematischer Formeln. Dazu wurden Parallelrechner genutzt. Dieses Fahrzeug fuhr auf der Straße 96 km/h schnell.

1987 hat die noch nicht existierende Europäische Union ein Projekt Namens "EUREKA Prometheus" gestartet. Dies diente zur Erforschung der autonomen Fortbewegung. Prometheus steht für "PROgraMme for a European Traffic of Highest Efficiency and Unprecedented Safety". Zusammen mit Mercedes-Benz und der Bundeswehr Universität München entstanden aus dem Mercedes 500 SEL zwei robotergesteuerte Autos. VaMP und VITA-3.

1994 fuhren diese beiden Fahrzeuge die ungefähr 1000 Kilometer lange Fahrt nach Paris. Sie fuhren dabei auf Autobahnen, im Gewöhnlichen Verkehr und mit einer Geschwindigkeit bis zu 130 km/h. Deren Systeme konnten die Spur halten, im Konvoi fahren, automatisch anderer Fahrzeuge tracken (erkennen), automatisch die Spur wechseln und selbst überholen. Ein Jahr später ist das Projekt VaMP von München nach Kopenhagen und zurück gefahren. Es gab keinen Fahren, sondern nur einen Beifahrer, der im Durchschnitt alle neun Kilometer eingreifen musste. Einmal war ein Eingriff des Beifahrers für 158 Kilometer nicht notwendig. Nicht nur die Strecke wurde auf 1758 Kilometer Erhöht sondern auch die Geschwindigkeit. Sie war auf bis zu 178 km/h gemessen worden. Die ganze Strecke fuhr VaMP ohne GPS.[11]

Ab diesem Jahr wurde das autonome Fahren immer weiter ausgearbeitet, bis zu einem Stand, der und fassungslos dastehen lässt.

3.2 Gegenwart

Die Gegenwart bildet ein ständiges hin und her zwischen erlauben und verbieten. Doch technisch gibt es nur eins. Erlauben. Wenn man sich ein neues Auto konfiguriert, so kann man sich ein teilautomatisches System kaufen. Dies besteht aus einem Einparkassistenten, dem Spurhalteassistenten und dem adaptiven Tempomat. Doch konfiguriert man sich ein Auto bei Tesla, so wird man sich für 3.900 Euro das Paket “Volles Potential für autonomes Fahren”. Hierbei wird die Anzahl der aktiven Kameras auf acht verdoppelt um mehr Sicherheit zu gewährleisten. Laut Tesla Motors ist auch das autonome Fahren doppelt so Sicher wie herkömmliches Fahren.

Zu diesen Kameras kommen auch noch weitere Sensoren und ein Radar. Am Heck und der Front gibt es zwei Flankenkameras, die auf eine Entfernung von maximal 80-100 Metern den Verkehr vor und hinter dem Auto erkennen, sie beachten die toten Winkel. Dann gibt es eine Heckkamera, die maximal 50 Meter weit sieht, doch genauer und deutlicher arbeitet. Um das ganze Auto herum gibt es Ultraschallsensoren, deren maximale Entfernung acht Meter beträgt. Sie sind bei Überholmanövern der wichtigste Teil des Fahrens. Auch Vorne gibt es Weitwinkel-Kameras, die maximal 60 Meter weit sehen. Um den Hauptverkehr vor dem Auto visuell darstellen zu können, wird die sogenannte

Hauptfeld-Vorwärtskamera eingebaut, die auf eine Entfernung von 150 Metern am genauesten arbeitet eingebaut. Ihr zur Hilfe steht der Radar, der 160 Meter weit sehen kann und eine Teleobjektiv-Vorwärtskamera auf 250 Meter.[12]

Zusammen haben alle Kameras und Sensoren einen genauen 360 Grad Blick um das Auto herum und gewährleisten optimale Bedingungen zu autonomen Fahren.

3.3 Zukunft

Tesla bringt uns in die Zukunft, dies bedeutet, sie verkaufen uns ein elektrisches Fahrzeug mit vollautonomen Fahreigenschaften. Dies ist sehr schwer zu verstehen.

Zukünftig muss sich nur die Psyche des Menschen ändern, die Technik ist auf der besten Niveau.

3.4 Problematik

Die Technik kann nicht das Problem sein, doch was dann? Das fahrerlose Fahren wirft eine juristische Frage auf. Wer ist schuld, wenn ein Fahrzeug im autonomen Modus einen Unfall baut? Ein dramatischer Unfall aus Bayern macht dieses albtraumhafte Dilemma deutlich.

Das teilautonome Fahren, wie bei der Neuen E-Klasse oder dem 7er BMW ist auch schon problematisch, denn wer haftet zum Beispiel, wenn eine automatische Einparkhilfe einen Unfall verursacht? Diese Frage stellt sich Eric Hilgendorf, Professor für Rechtswissenschaften an der Universität Würzburg und Leiter des Forschungszentrums RobotRecht, in dem die durch autonome Maschinen aufgeworfene rechtliche Frage diskutiert wird.

2012 ereignete sich in Nord Bayern das Drama: Der Fahrer eines Oberklassefahrzeugs erlitt kurz vor einem Ortseingang einen Schlaganfall – bei eingeschaltetem Spurhalteassistenten. Wäre der Wagen normalerweise von der Straße abgekommen und auf einer Wiese stehen geblieben, hielt der elektronische

Assistent das Auto auf der Straße. Der Wagen raste in den Ort und überfuhr eine Familie.[14]

Der Vater hat dies überlebt und wollte den Autohersteller vor Gericht sehen oder er wurde enttäuscht, da die Staatsanwaltschaft dieses Verfahren zurückwies, mit der Begründung, dass ein solcher Fall nicht vorhersehbar gewesen sei.

Die Rechtslage ist eindeutig: Der Fahrer allein ist für das Fahrzeug verantwortlich. Dies ist seit 1968 im "Wiener Übereinkommen für den Straßenverkehr" als Richtlinie einzuhalten. Dieses Abkommen legt fest, dass jedes Fahrzeug einen Fahrer braucht. Dazu muss er es beherrschen können und er trägt die volle Verantwortung. Die Vereinigten Staaten haben hier schon einen Schritt weiter gemacht, denn sie haben im Jahre 2014 eine Ergänzung unternommen, die erlaubt, dass Systeme, die ein Kraftfahrzeug autonom fahren lassen und sich in einem Notfall jederzeit ausschalten lassen erlaubt. Eine solche Regelung muss jedoch erst in nationale Gesetze umgesetzt werden.

„Nach gegenwärtiger Rechtslage sind Fahrzeuge ab einem gewissen Autonomiegrad gar nicht zulassungsfähig." - Rechtsexperte Eric Hilgendorf

Der fundamentale Wandel der Technik müsse deshalb Anpassungen im rechtlichen Rahmen zwingend erfordern - und dies EU-weit.

3.5 Lösungsansatz

Die Technik ist auf einem Stand, den man sich vor ein paar Jahren kaum vorstellen konnte. Sie ist so weit, dass ich mich von meinem Auto chauffieren lassen kann. Außerdem will die Technik weitere Schritte machen, doch dies ermöglicht die Rechtslage der Europäischen Union nicht. Sie setzt harte Maßnahmen und ermöglicht nahezu keinen "Spielraum" für neues. Außer man ist Elon Musk und ist überzeugt, dass es funktioniert und investiert so Trilliarden von Euros in die Entwicklung von Elektrofahrzeugen, hauptsächlich aber das autonome Fahren.

Eine Lösung wäre, dass man Juristen und Ingenieure an einen Tisch setzt und sie zwingt die Köpfe zusammenzuschließen und so eine, für beide Seiten positiv zutreffende Lösung findet. Die Europäische Union muss der Technik einen

Schritt entgegen kommen, sonst werden wir nur in Träumen autonom fahren können. Dies geht in sehr langsamen Schritten, doch man muss anfangen.[13]

4. Zusammenfassung

Zusammenfassend ist die Zukunft der Mobilität klar gerichtet. Wenn man eines Tages keine Ressourcen mehr hat muss man anderweitige Energiegewinnungen entwickeln. Die Elektromobilität ist hier sicher am nächsten und weitesten ausgeprägt. Die meisten Fahrzeughersteller haben bereits E-Fahrzeuge vorgestellt und bauen auf ihnen auf, um eine kontinuierliche Verbesserung zu bewahren.

Für die Elektromobilität ist es jetzt wichtig, die Infrastruktur an möglichen Ladestationen auszuprägen und dem Kunden ein seriöses und ansprechendes Produkt zu übermitteln. Andeuten will ich hier wieder an Tesla, sie bauen schöne Autos mit einem großen Platzangebot und viel Komfort. Diese Autos sind in Deutschland sehr gut alltagstauglich, nur muss man sich mit einem noch hohen anschaffungspreis rechtfertigen.

Das autonome Fahren bleibt doch noch ein Schritt weiter entfernt als die Elektrofahrzeuge. Die Technik funktioniert zu 99.9 Prozent, doch erlaubt wird es wegen diesen 0.01 Prozent nicht, denn wie es das Schicksal will, passiert ein Unfall und bestätigt damit ein Fehlfunktion und das die 0.01 Prozent doch recht viel sind.

Bibliographie

1. http://www.elektroauto-news.net/wiki/elektroauto-geschichte, 11.03.2017
2. http://www.spiegel.de/auto/aktuell/autonomes-fahren-unterwegs-mit-einer-s-klasse-auf-autopilot-a-920803.html, 11.03.2017
3. https://www.ebike.de/trouve-tricycle, 11.03.2017
4. https://de.wikipedia.org/wiki/BMW_i3, 11.03.2017
5. http://www.elektroauto-news.net/wiki/elektroauto-geschichte, 11.03.2017
6. https://www.mobilegeeks.de/news/tesla-100d-p100d-upgrade-100kwh-akkus-600km-reichweite/, 11.03.2017
7. http://www.auto-motor-und-sport.de/news/tesla-model-s-p100d-mit-613-km-reichweite-11521099.html, 11.03.2017
8. http://www.stromschnell.de/technik/batterien-in-elektroautos-aktueller-stand-und-perspektiven_5123204_5093776.html, 11.03.2017
9. https://www.tesla.com/de_DE/models, 11.03.2017
10. http://www.wiwo.de/unternehmen/industrie/zukunft-der-elektroautos-vom-ladenhueter-zum-verkaufsrenner/14982560.html, 11.03.2017
11. http://www.autonomes-fahren.de/geschichte-des-autonomen-fahrens/, 01.04.2017
12. https://www.tesla.com/de_DE/autopilot, 02.04.2017
13. https://www.welt.de/finanzen/verbraucher/article155490279/Was-wenn-der-Computer-eine-Familie-ueberfaehrt.html, 02.04.2017